ISBN 978-3-662-23414-3 ISBN 978-3-662-25466-0 (eBook)
DOI 10.1007/978-3-662-25466-0

Die in den Sitzungsberichten Abtlg. I und Abtlg. II der math.-nat. Klasse der Österr. Ak. d. Wiss. erscheinenden Abhandlungen werden auch einzeln abgegeben. Sie können durch jede Buchhandlung oder direkt durch die Auslieferungsstelle der Österreichischen Akademie der Wissenschaften (1010 Wien, Mölkerbastei 5) bezogen werden.

Nachfolgende Abhandlungen aus dem Fache **Paläontologie** sind erschienen:

1955 (S I Bd. 164):

Bachmayer F., Die fossilen Asseln aus den Oberjuraschichten von Ernstbrunn in Niederösterreich und von Stramberg in Mähren (mit 9 Textabbildungen und 6 Tafeln). S 26.60

Beier M., Insektenreste aus der Hallstattzeit (mit 4 Abbildungen und 2 Tafeln). S 6.40

Herre W., Die Fauna der miozänen Spaltenfüllung von Neudorf a. d. March (ČSR), Amphibila (Urodela) (mit 6 Textabbildungen). S 14.80

Kühn O., Die Bryozoen der Retzer Sande (mit 2 Tafeln). S 14.10

Papp A., Orbitoiden aus der Oberkreide der Ostalpen (Gosauschichten) (mit 3 Tafeln). S 12.20

Papp A., Die Foraminiferenfauna von Guttaring und Klein St. Paul (Kärnten): IV. Biostratigraphische Ergebnisse in der Oberkreide und Bemerkungen über die Lagerung des Eozäns (mit 4 Textabbildungen). S 12.20

Plöchinger B., Eine neue Subspezies des Barroisiceras haberfellneri v. Hauer aus dem Oberconiader Gosau Salzburgs (mit 2 Textabbildungen und 1 Tafel). S 4.40

Tollmann A., Die Foraminiferenentwicklung im Torton und Untersarmat in den Randfazies der Eisenstädter Bucht (mit 1 Textabbildung). S 6.70

1956 (S I Bd. 163):

Bernhauser A., Kann intravitaler Befall durch Bohrorganismen an fossilen Fischzähnen nachgewiesen werden? (mit 10 Textabbildungen). S 7.60

Thenius E., Zur Kenntnis der fossilen Braunbären (Ursidae, Mammal.) (mit 5 Textabbildungen und 1 Tafel). S 17.20

Thenius E., Die Suiden und Thayassuiden des steirischen Tertiärs. Beiträge zur Kenntnis der Säugetierreste des steirischen Tertiärs. VIII. (mit 31 Textabbildungen). S 25.–

1957 (S I Bd. 166):

Ehrenberg K., Berichte über Ausgrabungen in der Salzofenhöhle im Toten Gebirge. VIII. Bemerkungen zu den Ergebnissen der Sedimentuntersuchungen von Elisabeth Schmid. S 5.80

Schmid Elisabeth, Von den Sedimenten der Salzofenhöhle (mit 1 Textabbildung und 1 Beilage) S 14.–

Zapfe H. und Hürzeler J., Die Fauna der miozänen Spaltenfüllung von Neudorf a. d. M. (ČSR). Primates (mit 1 Tafel). S 10.20

1958 (S I Bd. 167):

Bakalow P., Kühn N. und Sachariewa K., Die Trias von Kotel (Ost-Balkan). I. Die unterkarnische Ammonitenfauna von Kotel (mit 4 Textabbildungen und 2 Tafeln). S 20.80

Bobies A. Carl, Bryozoenstudien III/2. Die Horneridae (Bryozoa) des Tortons im Wiener und Eisenstädter Becken (mit 3 Tafeln). S 20.70

Tiedt Liselotte, Die Nerineen der österreichischen Gosauschichten (mit 13 Textabbildungen und 3 Tafeln). S 29.60

1959 (S I Bd. 168):

Bachmayer F., Neue Crustaceen aus dem Jura von Stremberg (ČSR) (mit 2 Tafeln). S 13.50

Kühn O. und Pejović D., Zwei neue Rudisten aus Westserbien (mit 4 Textabbildungen und 4 Tafeln). S 17.80

Pokorny Gerhard, Die Actaeonellen der Gosauformation (mit 1 Textabbildung und 2 Tafeln). S 31.20

Kritischer Überblick über Hipparion im Neogen von Rumänien

Von N. MACAROVICI, Jaşi

Mit 3 Tafeln

(Vorgelegt in der Sitzung am 23. Juni 1967)

In der Literatur sind aus Rumänien zahlreiche Funde von *Hipparion* zitiert oder beschrieben und z. T. auch abgebildet; sie wurden alle einer einzigen Art *H. primigenium* H. v. MEYER 1829 (= *H. gracile* KAUP 1833) zugeschrieben. In den beiden letzten Jahrzehnten sind aber sowohl in Westeuropa (14, 15, 21) wie in der Sowjetunion (4, 5) Arbeiten erschienen, nach denen sich die dortigen *Hipparion*-Funde aus dem Miozän und Pliozän auf eine relativ große Zahl von Arten bzw. Unterarten verteilen. Diese detaillierte Unterscheidung hat sicher phylogenetischen wie auch stratigraphischen Wert. Nach einer Durchsicht des bis jetzt bekannten Hipparionmaterials aus Rumänien ist hier dasselbe der Fall.

Hipparion im Sarmatien

1959 beschrieben V. BARBU und G. ALEXANDRESCU (2) einen Endocranialausguß von Valea Sării im Vranceagebirge aus der Grenze zwischen Sarmatien und Meotien als *Hipparion gracile*. Dieser deformierte Ausguß wurde zusammen mit einem Teil des Schädels gefunden, dessen linke Zahnreihe besser erhalten war, besonders die P^2 und P^3 (Taf. 3, Fig. 3).

Maße

	Länge mm	Breite mm	Schmelzfalten
P^2	32,5	24	$\frac{(2—3{,}5)—(0{,}5—0)}{1}$
P^3	25	27,5	$\frac{(0—3)—(2—0)}{1}$

Dimensionen und Schmelzfaltenformel entfernen diese Zähne ersichtlich von *H. gracile* und stimmen vielmehr mit *H. sebastopolitanum* Borissiak überein, mit dessen Zähnen sie auch eingehend verglichen wurden.

1941 beschrieb N. Macarovici (9) aus Tonen von Valea Plopilor im Comăneşti-Becken (Region Bacău) einen linken Radius als *H. gracile* (Taf. 2, Fig. 6a—b). Die Länge des Radius beträgt ca. 280 mm, seine Breite proximal 72, distal 65 mm; es handelt sich also um eines der größten Exemplare. Das proximale Ende ist nur unvollständig erhalten, das distale dagegen gut und zeigt vollkommen sichtbar rel. tiefe Gelenksflächen. Die hintere Fläche ist mäßig erhalten, man sieht aber gut die *tuberositas radii*, welche sich rel. weit gegen das Zentrum verlängert. Der äußere Rand der Hinterfläche ist zugeschärft, während der innere abgerundet bleibt. In der Mitte erscheint der Querschnitt halbkreisförmig. Die Oberfläche ist halbzylindrisch und zeigt am proximalen Ende in der Mitte eine kleine Erhöhung und einen kurzen Grat gegen die Innenseite.

In Ermangelung von Vergleichsmaterial ist der Radius schwer einer bestimmten Art zuzuordnen. Er scheint aber keiner der aus Taraclia und Cimişlia (URSS) bekannten Arten anzugehören, denn er ist größer und stärker als diese. Er entspricht eher dem *H. sebastopolitanum* Borissiak, zumal die Schichten von Comăneşti älter sind als Meotien und gleichaltrig mit jenen von Valea Sării, von wo man diese Art bereits sicher kennt.

1964 beschrieben N. Macarovici und N. Paghida aus sicherem Sarmatien bei Păun-Jaşi außer dem Endocranialausguß auch den linken Oberkiefer mit der Zahnreihe P^2—M^3 sin. und die I^1—I^2 dext. Der ganze Fund konnte einwandfrei als *H. sebastopolitanum* bestimmt werden.

Aus dem Sarmatien Rumäniens liegen mithin drei Funde von *Hipparion* vor, von denen sich zwei sicher, einer höchstwahrscheinlich auf *H. sebastopolitanum* Borissiak beziehen.

Hipparion im Meotien

Der erste Autor, der sich überhaupt mit *Hipparion*-Resten aus Rumänien beschäftigte, war Jon Simionescu 1902 (17). Er beschrieb (17 und 18) aus sandigen, bläulichen Tonen des Meotien unter den jungen Anschwemmungen des Flusses Bîrlad bei Zorleni (Rayon Bîrlad, Region Jaşi) zwei Praemolaren, P^2—P^3 sin. Beide sind gut erhalten in der Sammlung des geologischen Laboratoriums der Universität „Al. I. Cuza“ in Jaşi aufbewahrt. Die vom Autor angegebenen und von uns verifizierten Maße sind (Taf. 1, Fig. 1):

	Länge mm	Breite mm	Höhe mm	Schmelzfalten
P^2	31	25	23	$\frac{(5-6)-(2-1)}{1}$
P^3	23	26	28	$\frac{(4-5)-(4-0)}{1,5}$

SIMIONESCU hat sie als *H. gracile* bezeichnet. Dimensionen und Schmelzfalten der wenig abgenützten Kauflächen stimmen aber vollständig mit jenen von I. KHOMENKO 1914 (6, Taf. 3) aus dem Oberkiefer seines Hipparions von Taraklia (Moldauische SSR) überein, der später von V. GROMOVA 1952 (5) dem *H. moldavicum* GROMOVA zugeschrieben wurde. Vollständige Übereinstimmung besteht auch mit dem Material von *H. moldavicum* von Ciobrucio-Tighina (Moldauische Rep.), das sich in der Sammlung des geologischen Laboratoriums der Universität Jaşi befindet (vgl. Taf. 1, Fig. 2—3).

1918 hat R. SEVASTOS (16) aus dem maeotischen Sandstein unter den Andesittuffen des Steinbruches Fundu Văii von Plopana im Tutovatale (Region Bacău) drei obere Praemolaren beschrieben, P^2—P^4 dext., ihre Kauflächen aber nur ungenau abgebildet und sie als *H. gracile* bezeichnet. Der Oberkiefer mit den Zähnen befindet sich in der Sammlung des Comitetul de Stat al Geologiei in Bukarest unter Inv.-Nr. 10.103 und wurde neuerlich untersucht (Taf. 1, Fig. 4).

Maße

	Länge mm	Breite mm
P^2	33	23
P^3	27	24
P^4	25	22
M^1	25	ca. 22

Die Schmelzfalten sind leider nicht gut erhalten. Nach den Maßen kann man die Zähne unter den drei Arten des Meotien von Taraklia (URSS), nämlich *H. moldavicum*, *H. platenys* und *H. gromovae* nur mit der ersten vergleichen. Der untere P_4 ist geradezu identisch (vgl. Taf. 1, Fig. 5) und auch die Maße der übrigen Praemolaren stimmen genügend überein. Überdies stammen sie aus Ablagerungen gleichen Alters.

Aus dem Meotien von Giurcani (Rayon Huşi, Region Jaşi) in der Moldau-Platte wurden von N. MACAROVICI 1938 (5) einige untere Praemolaren und Molaren sowie Bruchstücke eines Astragalus, eines Calcaneus, eines Metacarpale III und andere, unbestimmbare Knochenbruchstücke beschrieben. Das Gebiß, das uns zur Verfügung stand, enthält nur einige, schlecht erhaltene Zähne, darunter:

	Länge mm	Breite mm	Höhe mm	Schmelzfalten	Abbildung
P^4 sin.	22	13	20	$\frac{(0-2)-(0,5-2,5)}{0-1}$	Taf. 2, Fig. 4
M_2 dext.	21	11	26	zerstört	Taf. 2, Fig. 5

Ein P^3 dext. mit abgebrochenem Innenteil und ein M^1 sin. mit stark abgekauter Oberfläche, dem aber der Innenteil mit dem Protocon fehlt, sagen nicht mehr aus. Die Zähne sind aber, wie der eben erwähnte Knochen, zu *H. moldavicum* zu stellen.

1955 spricht MACAROVICI (10) auch von einem Metatarsale III von *H. gracile* aus Stuhuleţ, SW von Muşata (Rayon Huşi, Region Jaşi). Von diesem Metatarsale ist nur das distale Ende mit einer Länge von 11 cm erhalten. Die distale Breite beträgt 35 mm. Die mittlere Kante des Gelenks ist sehr stark, besonders auf der Rückseite (Taf. 2, Fig. 7a—b), während auf seiner Vorderseite das Grübchen über dem Gelenk in beinahe dreieckiger Form sehr entwickelt ist. Dieses Kennzeichen ist sehr bezeichnend für *H. gromovae* GABUNIA (4, Taf. 18, Fig. 2a), und der Knochen muß daher zu dieser Art gestellt werden.

In derselben Arbeit führt MACAROVICI aus dem maeotischen Ton von Hurdugi (Rayon Huşi) einige Knochen und einen unteren Backenzahn von *H. gracile* an. Dieser letztere ist aber nur ein Bruchstück von einem M_1 sin. des *H. moldavicum*. Von den Knochen hat eine zweite Phalange der Mittelzehe eine Länge der vorderen Fläche von 27 mm, eine Breite des proximalen Endes von 32 mm und des distalen von 28 mm; sie stammt daher wahrscheinlich ebenfalls von *H. moldavicum*. Das andere Material, von dem derselbe Autor (10) spricht, ist leider verloren gegangen.

Vereinzelt in verschiedenen Gegenden Rumäniens gefundene Zähne und Knochenbruchstücke gehören ebenfalls größenteils zu *H. moldavicum* GROMOVA. So z. B. ein Molar M^2 sin. und ein P_3 dext., die ich 1955 in den als maeotisch betrachteten Mergeln von Rîpa Roşcanilor in Perieni (10 km NW von Bîrlad) gefunden hatte. Der M^2 sin. hat eine stark erodierte Kaufläche (Taf. 3, Fig. 6), so daß man kein Schmelzfaltendiagramm aufstellen kann. Die Maße sind: L = 22 mm, B = 21 mm, Höhe der Krone = 14 mm (Taf. 3, Fig. 7). Er ist also mit einiger Sicherheit zu *H. moldavicum* zu stellen.

Auch südlich von Perieni wurden Reste von *Hipparion* gefunden. So an der „Dealul Cişmelei“ genannten Stelle an der Chaussee Bîrlad—Pueşti, bei Kilometer 7 NW von Bîrlad, wo Bruchstücke eines Metatarsale III gefunden wurden. Ferner hat man in der unteren Terrasse des Bîrlad bei Rateş (O von Tecuci) einen abgerollten M^2 sin. gefunden, der als *H. moldavicum* bestimmt wurde.

In maeotischen Sedimenten der Nähe von Verneşti (NW von Curtea de Argeş, Region Argeş) wurden einzelne Molaren durch N. Mihaila als *H. mediterraneum* Hensel bestimmt; bei der Nachuntersuchung schienen sie aber mehr dem *H. moldavicum* zu gleichen, doch bedarf diese Frage noch der Überprüfung.

Unsicher in der stratigraphischen Stellung sind zwei Backenzähne der Fauna von Măluşteni, die von I. Simionescu 1930 (19) als *H. gracile* beschrieben wurden. Der eine derselben (Simionescu 19, Taf. 1, Fig. 5 und Abb. 41) ist ein P^3 dext. Nach den Dimensionen der Kaufläche (L = 24 mm, B = 23 mm) wie nach seiner Form und dem Schmelzfaltenbild $\frac{(5-3)-(3-0)}{1}$ nähert er sich stark dem *H. moldavicum*, wie ihn denn auch Simionescu selbst mit den Praemolaren von Zorleni, wie wir sahen, einem sicheren *H. moldavicum*, vergleicht. Der zweite Zahn, der von Simionescu nur angeführt wurde, ist ein P_4 sin. von kleineren Dimensionen der Kaufläche (L = 21 mm, B = 20 mm), Höhe der Zahnkrone 28 mm. Er ist sehr abgerollt, so daß man sein Schmelzfaltenbild nicht feststellen kann. Doch gleicht er sehr Zähnen von *H. tudorovense* Gabunia, nach Vergleichsmaterial dieser Art von Ciobrucio (Moldauische SSR) im geologischen Laboratorium der Universität Jaşi. Beide Zähne zeigen Spuren starker Abrollung und nachträglicher Diagenese. Sie gehören daher offensichtlich nicht der oberpliozänen Fauna von Măluşteni an, sondern sind hier nur umgelagert, ebenso wie die Reste *Phoca bessarabica* Simionescu, die aus dem Sarmatien stammen.

Von Reghiu im Milcovtale führte Joniţa Stan 1961 (7) *Hipparion gracile* zusammen mit *Aceratherium incisivum* Kaup, *Camelopardalis*, *Sus major* Gervais, *Gazella deperdita* u. a. an, jedoch ohne sie zu beschreiben oder abzubilden. Obwohl uns das Gebiß dieses Fundes nicht zugänglich war, kann man doch sagen, daß es sich sicher nicht um *H. gracile* handeln konnte, sondern um eine der früher angeführten Arten. Auch Simionescu sprach 1902 (17) von einem aus dem Vranceagebirge (wahrscheinlich aus dem Putnatale) stammenden *Hipparion*-Zahn, der sich von jenem unterscheidet, den er aus Zorleni beschrieb. Schon der Vergleich mit Zorleni zeigt, daß es sich nicht um *H. gracile* handeln konnte, denn dort kommt keine auch nur halbwegs ähnliche Form vor. Doch bedarf diese Frage für Reghiu noch einer Nachprüfung.

Hipparion aus pontischen und oberpliozänen Schichten

Nach Sava Athanasiu 1907 befinden sich in der Sammlung L. Mrazek zwei Hipparion-Backenzähne aus pontischen Schichten des Dorfes Trenu (Region Ploeşti). Sie befinden sich jetzt in der Sammlung des Comitetul de Stat al Geologiei unter Inv.-Nr. 10.091. Sie sind lose, was von vorneherein den Verdacht nahe legt, daß sie umgelagert seien.

Maße

	Länge mm	Breite mm	Höhe mm	Schmelzfalten	
P^3 dext.	30	21	35	$\frac{(3-3{,}5)-(4{,}5-2)}{1{,}5}$	an der Vorderseite abgebrochen
P^4 dext.	29	26	34	$\frac{(2-4)-(2{,}5-1{,}5)}{1{,}5}$	

Diese Maße geben keine Annäherung etwa an die Praemolaren von Taraklia (J. Khomenko 6, Taf. 3, Fig. 1—3), die von V. Gromova zu *H. moldavicum* gestellt wurden, sondern am ehesten mit dem folgenden Stück, das überdies aus Schichten gleichen Alters stammt.

1959 beschrieb A. Bera (3) aus den pontischen Kohlen von Berevoeşti-Pămînteni (Cîmpolung-Muscel) Zähne als *H. gracile*, die in der Sammlung des Comitetul al Geologiei in Bukarest unter Inv.-Nr. 3773 liegen. Es waren ein Praemolar, drei Incisiven mit total zerstörten Kauflächen, ein Unterkiefer ohne Zähne, ferner zwei unvollständige Femuren und mehrere Rippenbruchstücke. Das einzig wertvolle Stück war der P^4 sin. Seine schwach abgekaute Oberfläche mißt: L = 25 mm, B = 27 mm, die Höhe der Krone beträgt 39 mm, die Schmelzfalten entsprechen $\frac{(3-5)-(4-2)}{1{,}5}$ (vgl. Taf. 3, Fig. 2). Der Protocon ist im Querschnitt beinahe kreisförmig, die Erhöhungen des vorderen und hinteren Grübchens stehen rel.

kräftig hervor. Diese Merkmale nähern den Zahn sehr jenem von *H. spec.*, den GABUNIA aus dem mittleren oder oberen Pliozän von Stavropol im Norden des Kaukasus beschrieben hat. Wir schlagen vor, diese Art, die anscheinend eine weitere Verbreitung hat, gesondert zu benennen als:

Hipparion stavropolensis nov. spec.

(Taf. 2, Fig. 2, Taf. 3 Fig. 2, 4—5)

Holotypus: GABUNIA 1959 (4), Taf. 11, Fig. 1. Palaeontolog. Institut der Akademie der Wissenschaften in Tbilisi (SSR Grusinia, Inv.-Nr. 225, nach freundlicher Mitteilung von Herr Prof. Dr. L. K. GABUNIA).

Locus typicus: Stavropol.

Diese Backenzähne nähern sich auch dem *H. crassum* GERVAIS aus der Fauna von Roussillon im Süden Frankreichs, und wir hätten kaum die Aufstellung einer neuen Art vorgeschlagen, wenn nicht die Zähne von Berevoeşti, von Trenu und der folgende so übereinstimmend wären.

Denn aus einer Fauna von Bereşti im Süden der Moldau hat I. SIMIONESCU 1933 (20) einen P^3 sin. beschrieben und zu *H. gracile* gestellt. Aber sein Schmelzfaltenbild zeigt sich ganz verschieden von den Arten des Sarmatien und des unteren Pliozäns von Südosteuropa. Es nähert sich vielmehr den von GABUNIA aus dem Süden der Sowjetunion beschriebenen Arten des mittleren bis oberen Pliozäns und könnte am ehesten die von GABUNIA 1959 (4), S. 115, Taf. 11, Fig. 1, beschriebene Art von Stavropol sein, die vorher als *H. stavropolensis* benannt wurde. Auch die bedeutende Höhe dieses Zahnes, wie sie SIMIONESCU angibt, spräche dafür; doch kann diese Vermutung in Ermangelung des Originalmaterials nicht gesichert werden. Überdies fand VIRGINIA BARBU 1959 (1), daß ein von SIMIONESCU 1933 (20) beschriebener P_4 mit einer Kronenhöhe von 88 mm zu einer Art der afrikanischen Gattung *Hypsohipparion* gehört (Taf. 2, Fig. 3).

Unsichere Reste von angeblichem *Hipparion* wurden natürlich mehrfach aus Rumänien angeführt, so bereits von A. GAUDRY 1872, manche aus der Olteniţa, andere aus der Nähe von Galaţi; sie wurden aber vorläufig nicht bestätigt.

Auffallend bleibt, daß in der ganzen Literatur keinerlei Reste von *Hipparion* aus dem Neogen von Transsilvanien erwähnt wurden, während sie in den gleichaltrigen Ablagerungen Ungarns häufig sind.

Zusammenfassung

1. *Hipparion primigenium* H. v. Meyer (= *gracile* Kaup) ist in Rumänien nicht vertreten, sondern durch andere Arten bzw. Unterarten von *Hipparion* ersetzt.

2. *H. sebastopolitanum* Borissiak ist aus Valea Sării im Vranceagebirge, von Valea Plopilor im Comănestibecken und von Păun-Jaşi nachgewiesen; alle drei Fundorte gehören dem Sarmatien an.

3. *H. moldavicum* Gromova ist von Zorleni-Bîrlad, Bîrlad-Puesti, Tecuci-Rateş, Perieni-Bîrlad, von Plopana im Tutovatale, von Giurcani-Huşi, Hurdugi-Huşi, Verneşti-Argeş und umgelagert in Măluşteni nachgewiesen. Außer dem letzten Fundort gehören alle dem Meotien an.

4. *H. gromovae* Gabunia ist von Stuhuleţ-Huşi bekannt.

5. Eine wahrscheinlich neue Art, *H. stavropolensis* (= *H. spec.* Gabunia) ist von Stavropol (nördl. Kaukasus) und aus Rumänien von Trenu-Ploeşti, Berevoeşti-Muscel und Bereşti (südl. Moldau) bekannt.

Summary

1. *Hipparion primigenium* H. v. Meyer (= *gracile* Kaup) is not occuring in Roumania, but other species (or subspecies) of *Hipparion.*

2. There are determined *H. sebastopolitanum* Borissiak at 3 localities of sarmatian age, *H. moldavicum* Gromova at 8 localities of maeotian age, and *H. gromovae* Gabunia from one locality.

3. A new species, *H. stavropolensis* (= *H. spec.* Gabunia) is known from Stavropol (northern Kaukasus) and from 2 localities of Roumania.

Literatur

1. Barbu, V.: Contribuţii la cunoaştera genului Hipparion. — Ed. Acad. R. S. România. Bucureşti 1959.
2. Barbu, V. & Alexandrescu, G.: Sur un moulage naturel endocranien d'Hipparion. — Studii şi Cercet. Acad. R. S. România (Geologie) *4.* Bucureşti 1959.
3. Bera, A.: Prezenta unui Hipparion gracile Kaup în depresiunea Câmpulungului, reg. Piteşti. — D. S. Comit. Geol. *42* (1954—1955). Bucureşti 1959.

4. GABUNIA, L. K.: K istorii gipparionov. — Akad. Nauk Gruz. S.S.R., *3*. Moskva 1959.

5. GROMOVA, V.: Gipparioni (rod Hipparion). — Akad. Nauk S.S.S.R. Moskva 1952.

6. KHOMENKO, J.: La faune méotique du village Taraklia du district de Bendery. — Trav. Soc. Naturalistes et des amateurs de sci. nat. de Bessarabie *5* (1913—1914). Kişinev 1914.

7. JONITA, STAN: Zăcămîntul de mamifere de la Reghiu-Vrancea şi importanţa lui stratigrafică. — 5. Congress Assoc. Geol. Carpato-Balcanique, Communic. II. Stratigraphie (1), *3*. Bucureşti 1963.

8. MACAROVICI, N.: Sur les mammifères fossiles de Giurcani. — Ann. sci. Universite de Jassy *26*. Jaşi 1938.

9. — Sur certains mammifères fossiles trouvés dans le bassin de Comăneşt. (Bacău). — Ann. sci. Université de Jassy *26*. Jaşi 1941.

10. — Cercetări geologice in Sarmaţianul Podişului Moldovenesc. Ann. Com. Geol. *28*. Bucureşti 1955.

11. — Mammifères fossiles du Sarmatien de Păun (Jassy). — Ann. sci. Université de Jassy (2), *43*. Jaşi 1958.

12. MACAROVICI, N. & PAGHIDA, N.: Ein Endocranialausguß von Hipparion sebastopolitanum aus dem Sarmat von Păun-Jaşi (Rumänien). — Sitzungsber. Österr. Akad. Wiss., math.-nat. Kl. I, *173*, 219—230, Taf. 1—4. Wien 1964.

13. — Flora şi fauna din Sarmaţianul superior de la Păun-Jaşi. — Ann. Université de Bucureşti (Serie Geolog.-Geograph.) 1966. Bucureşti 1967.

14. MOTTL, M.: Die mittelpliozäne Säugetierfauna von Gödöllö bei Budapest. — Mitt. Jahrb. Ungar. Geolog. Anstalt. Budapest 1939.

15. — Hipparion-Funde aus der Steiermark. — Mitt. Museum Joanneum, Heft 13. Graz 1954.

16. SEVASTOS, R.: Limita Sarmaţianului, Meoţianului şi a Ponţianului între Siret şi Prut. — Ann. Inst. Geol. României *9*. Bucureşti 1915 bis 1922.

17. SIMIONESCU, I.: Hipparion gracile en Roumanie. — Ann. sci. Université de Jassy *2*. Jaşi 1902.

18. — Sur quelques mammifères fossiles trouvés dans les terrains tertiaires de la Moldavie. — Ann. sci. Université de Jassy *3*. Jaşi 1904.

19. — Vertebratele pliocene de la Măluşteni. — Acad. Rom., Fond. V. Adamachi, *9*, Nr. 49. Bucureşti 1930.

20. — Les vertébrés pliocènes de Bereşti. Bull. Soc. Roumaine de Geologie *1*. Bucureşti 1933.

21. SONDAAR, P.: Les Hipparion de l'Aragon meridional. — Estudios geol. „Lucas Mallada" *17*, Nr. 3—4. Madrid 1961.

22. STOICA, C.: Basinul Comăneşti-Bacău. — Analele Univ. C. I. Parhon (serie st. Nat.). Bucureşti 1956.

Tafelerklärung

Tafel I

Fig. 1: *Hipparion moldavicum* GROMOVA, P^2—P^3 sin. Méotien. Zorleni-Bîrlad. $^9/_{10}$ nat. Gr.
Fig. 2: Dasselbe, P^2—M^3 dext. Méotien, Ciobruciu-Tighina (SS Moldau R). $^8/_{10}$ nat. Gr.
Fig. 3: Dasselbe, P^2—M^3 sin. Méotien, Ciobruciu-Tighina. $^8/_{10}$ nat. Gr.
Fig. 4: Dasselbe, P^2—M^1, rechtes Maxillare. Meotien, Fundu Văii-Plopana (Bacău). $^9/_{10}$ nat. Gr.
Fig. 5: Dasselbe, P_4 dext. Méotien, Fundu Văii-Plopana (Bacău). Nat. Gr.
Fig. 6: Dasselbe, P^3 dext. Mălușteni (südliche Moldau). Nat. Gr.
Fig. 7: *Hipparion tudorovense* GABUNIA, P^4 sin. Mălușteni. Nat. Gr.

Tafel II

Fig. 1: *Hipparion tudorovense* GABUNIA, P^4—M^3 dext. Méotien, Ciobruciu-Tighina (SS Moldau R). $^9/_{10}$ nat. Gr.
Fig. 2: *Hipparion stavropolensis* nov. spec., P^3 sin. Berești (südliche Moldau). Nat. Gr.
Fig. 3: *Hypsohipparion? spec.* (V. BARBU), P_3 sin. Berești (südl. Moldau). Nat. Gr.
Fig. 4: *Hipparion moldavicum* GROMOVA, P_4 sin. Méotien, Giurcani (Huși). Nat. Gr.
Fig. 5: Dasselbe, M_2 dext. Méotien, Giurcani (Huși). Nat. Gr.
Fig. 6a—b: *Hipparion sebastopolitanum* BORISSIAK, linker Radius. ? Sarmatien, Comănesti-Bacău. $^4/_{10}$ nat. Gr.
Fig. 7a—b: *Hipparion gromovae* GABUNIA, Metatars. III. ? Méotien, Stuhulet (Huși). $^7/_{10}$ nat. Gr.

Tafel III

Fig. 1: *Hipparion moldavicum* GROMOVA, Phalanx II. Méotien, Hurdugi (Huși). Nat. Gr.
Fig. 2: *Hipparion stavropolensis* nov. spec., P_4 sin. Pontien Berevoești-Pămînteni, Muscel. Nat. Gr.
Fig. 3: *Hipparion sebastopolitanum* BORISSIAK, P^2—P^3 sin. Ob. Sarmatien, Valea Sării (Vrancea). Nat. Gr.
Fig. 4: *Hipparion stavropolensis* nov. spec. P^2 dext. Pontien, Trenu, Reg. Ploești. Nat. Gr.
Fig. 5: Dasselbe, P^4 dext. Pontien, Trenu, Reg. Ploești. Nat. Gr.
Fig. 6: *Hipparion moldavicum* GROMOVA, M^2 sin. Méotien, Perieni (Bîrlad). Nat. Gr.
Fig. 7: Dasselbe, P_3 dext. Méotien, Perieni (Bîrlad). Nat. Gr.
Fig. 8: *Hipparion moldavicum* GROMOVA, P_2—M_3, Unterkiefer links. Méotien, Ciobruciu-Tighina (SS Moldau R). $^9/_{10}$ nat. Gr.
Fig. 9: Dasselbe, P_2—M_3, Unterkiefer rechts. Méotien, Ciobruciu-Tighina (SS Moldau R). $^9/_{10}$ nat. Gr.

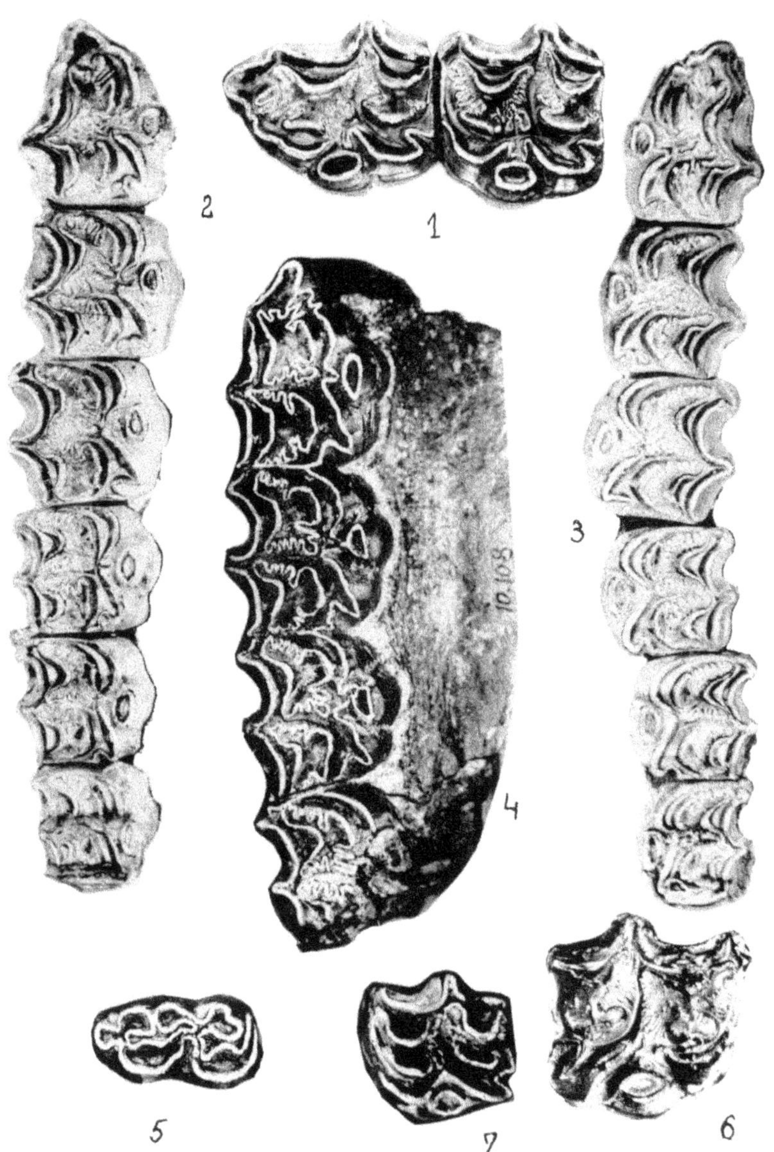
2
1
3
10.103
4
5
7
6

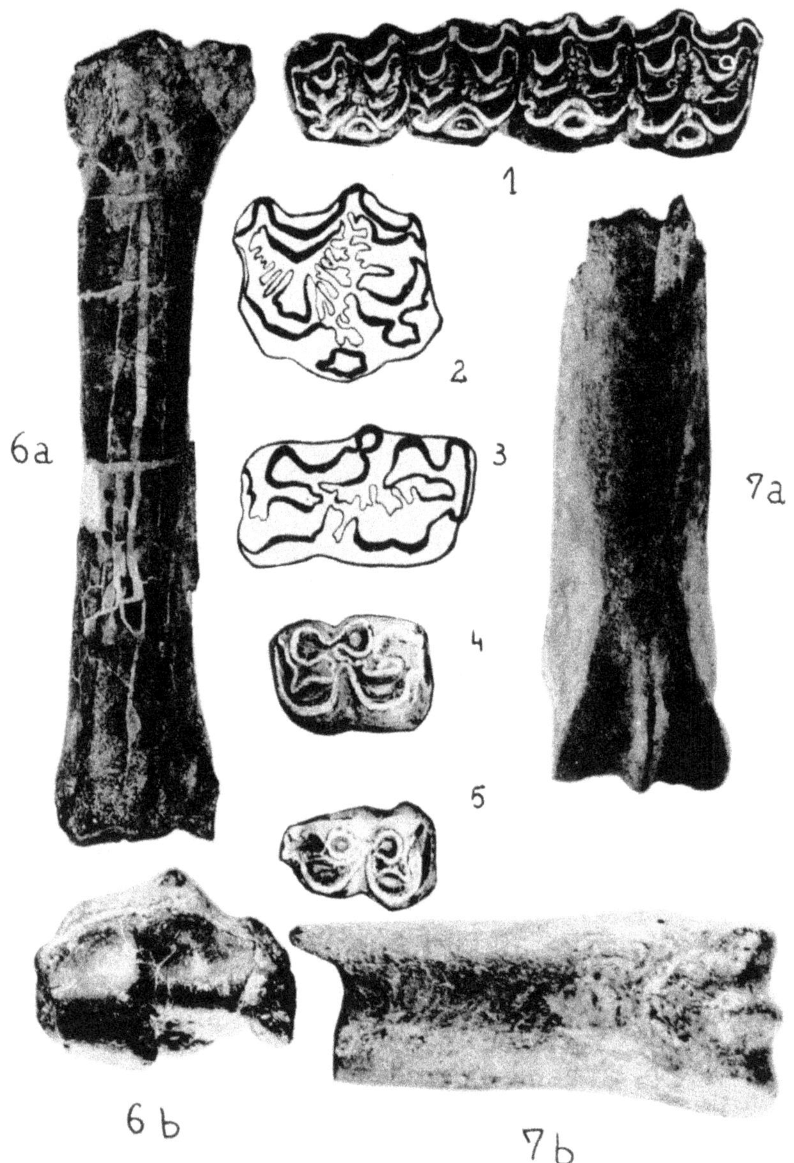
1
2
3
4
5
6a
7a
6b
7b

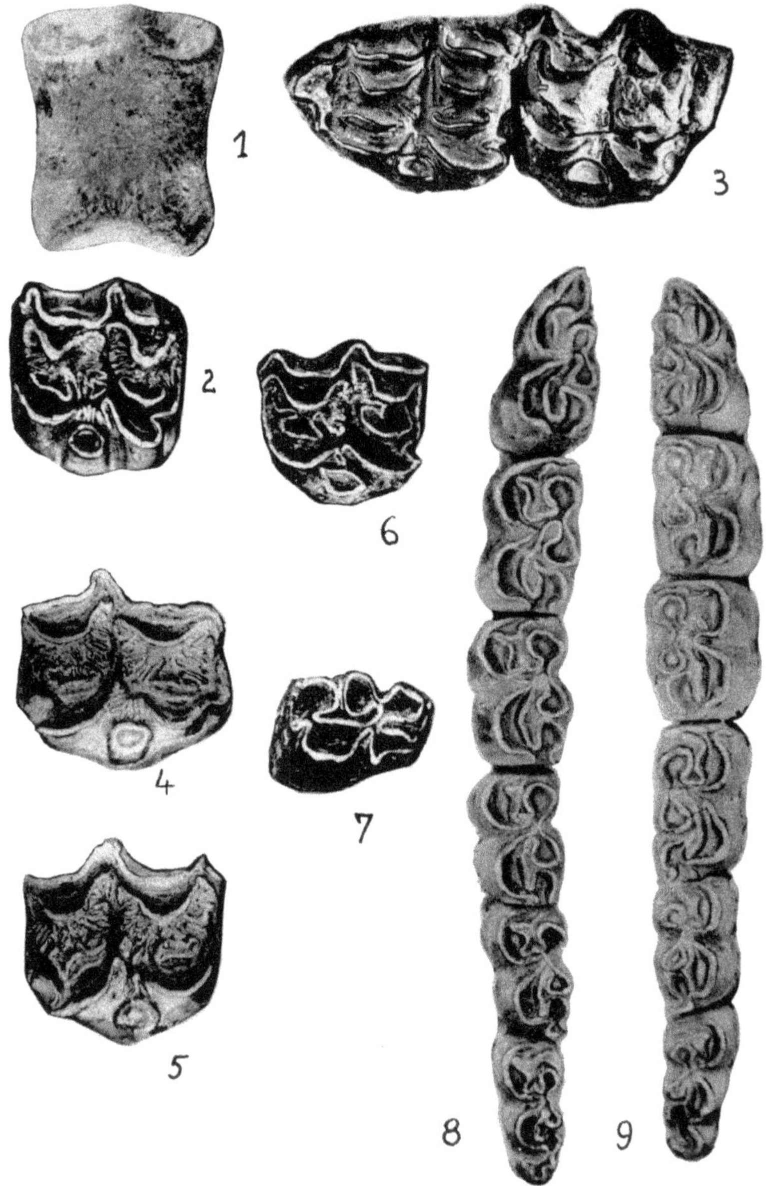
1
3
2
6
4
7
5
8
9

1960 (S I Bd. 169):

Bachmayer F, Insektenreste aus den Congerienschichten (Pannon) von Brunn-Vösendorf (südl. von Wien), Niederösterreich (mit 2 Tafeln und 8 Abbildungen). S 8.30

Schaffer H., Interessante obereozane Echinidenarten aus Bruderndorf (Niederösterreich) und Oberitalien (mit 7 Textabbildungen). S 11.–

1961 (S I Bd. 170):

Bachmayer F., Neue Insektenfunde aus dem österreichischen Tertiär (Brunn-Vösendorf bei Wien und Weingraben im Burgenland) (mit 2 Textabbildungen und 4 Tafeln). S 170–9. S 13.60

Bernhauser A., Zur Knochen- und Zahnhistologie von Latimeria chalumnae Smith und einiger Fossilformen (mit 17 Textabbildungen). S 170–6. S 19.40

Ehrenberg K. und Ruckensteiner E., Bericht über Ausgrabungen in der Salzofenhöhle im Toten Gebirge XIII. Palaopathologische Funde und ihre Deutung auf Grund von Röntgenuntersuchungen (mit 10 Tafeln). S 170–23. S 39.–

Flügel E., Bryozoen aus den Zlambach-Schichten (Rhät.) des Salzkammergutes, Österreich (mit 3 Textabbildungen und 3 Tafeln). S 170–25. S 20.–

Rutsch R. F. und Steininger F., Eine neue Pecten-Art aus dem Typus-Profil des Helvétien südlich von Bern (Schweiz) (mit 4 Textabbildungen und 1 Tafel). 170–10. S 18.–

Schaffer H., Brissus (Allobrissus) miocaenicus, eine neue Echinidenart aus dem Torton Mühlendorf (Burgenland) (mit 1 Textabbildung und zwei Tafeln). S 170–8. S 13.20

Zapfe H., Ergebnisse einer Untersuchung der Austriacopithecus-Reste aus dem Mittelmiozän von Klein-Hadersdorf, NÖ., und eines neuen Primatenfundes aus der Molasse von Timmelkam, OÖ. S 170–7. S 9.30

1962 (S I Bd. 171):

Schmid Manfred, E., Die Foraminiferenfauna des Bruderndorfer Feinsandes (Danien) von Haidhof bei Ernstbrunn, NÖ. 171–18. S 86.–

1963 (S I Bd. 172):

Flügel Helmut, Algen und Problematica aus dem Perm Süd-Anatoliens und Irans (mit 11 Abbildungen auf 2 Tafeln). Smn 172–1. S 20 –

Flügel Erik, Revision der triadischen Bryozoen und Tabulaten (mit 3 Tabellen im Text). Smn 172–21. S 40 –

Kristan-Tollmann Edith, Holothurien-Sklerite aus der Trias der Ostalpen (mit 2 Textabbildungen und 10 Tafeln). Smn 172–25. S 52.–

1964 (S I Bd. 173):

Andreánsky G., Zur Floren- und Vegetationsgeschichte des ungarischen Tertiärs (mit 6 Textabbildungen). Smn 173–31. S 22.–

Benkö-Czabalay L., Die obersenone Gastropodenfauna von Sümeg im südlichen Bakony. Smn 173–10. S 43.–

Kristan-Tollmann Edith, Holothurien-Sklerite aus dem Torton des Burgenlandes, Österreich (mit 9 Tafeln). Smn 173–8. S 50.–

Kunz Bruno W. L., Die Fauna der Neuhauser Schichten von Waidhofen/Ybbs, NÖ. (Dogger, Klippenzone) (mit 2 Tafeln und 4 Textabbildungen) Smn 173–27. S 54.–

Macarovici N. und Paghida N., Ein Endocranialausguß von Hipparion sebastopolitanum aus dem Sarmat von Paun-Jasi (Rumänien) (mit 4 Tafeln und 4 Textabbildungen). Smn 173–26. S 28.–

Muckenhuber Leopoldine, Miozän-Korallen des Wiener Beckens (mit 1 Tafel). Smn 173–29. S 20.–

Udin Ardhi Rahman, Die Steinbrüche von St. Margarethen (Burgenland) als fossiles Biotop, I. Die Bryozoenfauna (mit 2 Tafeln). Smn 173–33. S 61.–

1965 (S I Bd. 174):

Kühn Othmar, Korallen aus dem Helvetien von Österreich, mit geologischen Beiträgen von F. Steininger und O. Schultz (mit 2 Tafeln). 174–25. S 76.–

GPSR Compliance
The European Union's (EU) General Product Safety Regulation (GPSR) is a set of rules that requires consumer products to be safe and our obligations to ensure this.

If you have any concerns about our products, you can contact us on

ProductSafety@springernature.com

In case Publisher is established outside the EU, the EU authorized representative is:

Springer Nature Customer Service Center GmbH
Europaplatz 3
69115 Heidelberg, Germany

www.ingramcontent.com/pod-product-compliance
Ingram Content Group UK Ltd.
Pitfield, Milton Keynes, MK11 3LW, UK
UKHW021927190726
13853UKWH00002B/897
* 9 7 8 3 6 6 2 2 3 4 1 4 3 *